MÉMOIRE

SUR LA NÉCESSITÉ

DU RÉTABLISSEMENT DES MAITRISES

ET CORPORATIONS.

MÉMOIRE

SUR LA NÉCESSITÉ

DU RÉTABLISSEMENT DES MAITRISES

ET CORPORATIONS,

COMME MOYENS D'ENCOURAGER L'INDUSTRIE ET LE COMMERCE;

PRÉSENTÉ A SON EXCELLENCE MONSEIGNEUR L'ABBÉ DE MONTESQUIOU, MINISTRE DE L'INTÉRIEUR,

(par Déboin

Par l'AUTEUR des Notices Historiques sur les anciennes Académies Royales de Peinture, Sculpture et celle d'Architecture, suivi d'un discours sur le même sujet, prononcé devant le Roi au lit de justice, tenu à Versailles, le mardi 12 mars 1776, par M. ANTOINE-LOUIS SEGUIER, Avocat dudit Seigneur Roi, portant la parole.

La massima felicità divisa nel maggior numero.

BECCARIA *dei delitti e delle pene.*

A PARIS,

IMPRIMERIE DE FAIN, RUE DE RACINE, PLACE DE L'ODÉON.

1815.

MÉMOIRE

SUR LA NÉCESSITÉ

DU RÉTABLISSEMENT DES MAITRISES

ET CORPORATIONS.

MONSEIGNEUR,

LES institutions sont une suite naturelle du besoin des hommes vivant en société. C'est la nécessité d'encourager tous les genres d'industrie pour les conduire autant que possible à la perfection, qui a introduit dans plusieurs gouvernemens l'usage de réunir les hommes d'une même profession en corporations, désignées sous le nom de maîtrises ou communautés.

Cet ordre de chose, si utile à l'intérêt général, existait en France long-temps avant la révolution, et l'opinion publique, fortement prononcée en faveur des sociétés savantes, connues sous le nom d'Académies, réclame aussi avec instance le rétablissement des corporations, seules capables d'arrêter le désordre qui s'est introduit dans toutes les branches de l'industrie nationale, par l'indiscrète liberté accordée à chacun d'exercer telle profession qu'il lui plaît, en payant seulement un droit de patente.

Sans m'occuper ici de rechercher l'origine des corporations, qui remontent à des temps fort éloignés, il est probable que le besoin de ces institutions s'est fait sentir à mesure que l'état de servage, en France comme en Europe, s'est affaibli par la destruction de la féodalité.

Chaque ouvrier, alors devenu libre de travailler pour qui voulait l'employer, a étendu ses relations industrielles : de là est venue la nécessité des corporations, comme moyen de neutraliser les funestes influences de l'intérêt particulier qui, ne voyant que lui, n'agissant que pour lui et par rapport à lui, devient l'ennemi mortel de l'intérêt général. C'est dans le développement de cette vérité que nous verrons ce qui a dû amener la nécessité des corporations.

Dans les villes dont la population est peu nombreuse, l'industrie n'est alimentée que par les besoins journaliers de la vie, et chaque ouvrier, occupé à satisfaire ces mêmes besoins, est infailliblement surveillé par tous ceux qui l'emploient. Placé dans cette situation, l'ouvrier, pour son propre intérêt, est obligé de perfectionner son travail, et d'être modéré dans ses demandes, parce que la concurrence de ses confrères peut lui enlever la confiance de ceux qui le mettent en œuvre, et le réduire à la misère. Dans ce cas, l'intérêt particulier de l'ouvrier devient la garantie du consommateur.

Mais, lorsque la population est immense, que le luxe se joint aux besoins de la vie, que les relations commerciales s'établissent entre diverses nations, la situation de l'ouvrier change en sa faveur : certain alors d'échapper facilement à la surveillance de la société, il ne craint point de négliger la perfection de son travail pour augmenter son revenu industriel.

Pour obvier à cet inconvénient, on imagina de réunir les

hommes d'une même profession et d'en former une communauté. Exiger que chacun fît preuve de capacité avant d'avoir le droit d'exercer sa profession comme chef d'atelier, devint une conséquence de l'abus qu'on voulait réprimer; et vouloir que tout artisan en particulier fût jugé par ses pairs, fut le droit incontestable des corporations ou communautés.

Si ces établissemens ont été l'ouvrage du besoin commandé par l'intérêt général, le temps en avait sanctionné l'utilité, par les services sans nombre que la société en avait retirés; d'abord par l'émulation qu'ils avaient excitée dans la classe ouvrière, et ensuite par la garantie qu'ils présentaient aux consommateurs; et s'il s'y était introduit quelques abus, il était bien plus simple de rappeler chacune de ces corporations à leur discipline primitive que de les abolir comme fit d'abord feu Turgot (1); ensuite l'assemblée constituante, lorsque l'expérience de très peu de temps avait fait sentir la nécessité de leur rétablissement.

Personne n'ignore que l'industrie est la principale richesse des nations: mais pour qu'elle devienne une source de prospérité, il faut que les objets qui en sont le résultat soient en équilibre, tant sous le rapport de la perfection que sous celui de leur valeur intrinsèque, avec ceux des autres nations industrieuses et commerçantes.

C'est pour parvenir à ce but qu'on avait senti l'avantage de réunir tous les chefs d'atelier d'une même profession.

En exigeant que l'ouvrier fît preuve de capacité par un chef-d'œuvre qu'il fallait présenter à la communauté des gens de sa profession, pour obtenir la qualité de maître; c'était offrir un motif d'émulation, et en même temps décerner une récompense à celui qui avait su employer sa jeunesse à acquérir toutes les connaissances relatives à sa profession : cette loi sage avait encore l'avantage d'établir des bases générales sur la valeur des objets façonnés, parce que chaque maître sachant ce qu'il fallait de temps et d'art pour perfectionner son travail, il en résultait un accord sur les valeurs industrielles, qu'on ne pouvait obtenir dans les temps précédens où chacun pouvait exercer une profession quelconque sans posséder les qualités nécessaires pour s'y distinguer.

Chacune de ces corporations était l'image de la puissance paternelle; pour en offrir la preuve, il suffit d'en examiner les statuts et règlemens.

Les syndics ou jurés des différentes communautés, menuisiers, charpentiers, maçons, serruriers, marbriers ou autres, avaient le droit, sans en être requis, d'entrer dans tout édifice en construction, pour y examiner, soit la charpente mise en œuvre, soit la maçonnerie, ou autre ouvrage; et lorsque l'entrepreneur dans l'une de ces professions était en contravention avec les données nécessaires à la solidité, comme à la qualité desdits ouvrages, les jurés de chaque profession en dressaient sur-le-champ procès-verbal, et condamnaient de suite l'entrepreneur à refaire la chose selon les lois et les usages de ladite profession.

C'était encore dans ces communautés que le consommateur trouvait appui et justice contre l'ouvrier infidèle, et que de même l'artisan honnête homme trouvait protection contre la mauvaise foi ou l'avarice de celui qui, après l'avoir mis en œuvre, lui refusait son juste salaire.

Les professions les plus communes de la vie, celles de

tailleur, de cordonnier, de revendeuses à la toilette et autres qu'on peut classer au-dessous des professions que je viens de nommer, formaient autant de corporations assujéties aux mêmes lois et à la même surveillance.

C'était par ces sages institutions, multipliées en raison des diverses professions, que le gouvernement se trouvait allégé d'une surveillance qui ne pouvait manquer de lui échapper, quoique d'une utilité indispensable à son intérêt.

Les marchands dont toute l'industrie se borne à vendre au public les divers objets que l'artisan fabrique dans ses ateliers, demandaient aussi une surveillance très-active : on décida de les réunir en communautés désignées sous le nom des six corps ; sous ce titre était comprise toute espèce de commerce, soit en gros soit en détail (2).

Il en fut de même des fabricans, qui, formant une corporation, étaient sous la surveillance de leurs confrères en tout ce qui regardait leur profession.

Les syndics fabricans allaient journellement dans les ateliers inspecter les objets en œuvre ; on examinait la qualité des matières et leur fabrication.

Pour tout ce qui était étoffes, aucun fabricant ne pouvait les envoyer à son correspondant marchand, avant qu'elles n'eussent été examinées et ensuite marquées d'un plomb qui devenait la double garantie de la qualité et de la quantité.

Ces opérations se faisaient avec une telle exactitude qu'il suffisait aux marchands de regarder ce qu'ils appelaient la marque, pour être assurés de la qualité et de la quantité de l'étoffe qui leur était envoyée par le fabricant.

C'était par toutes ces sages précautions que le commerce de France avait acquis chez l'étranger une confiance qui faisait qu'on recherchait avec empressement tout ce qui sortait de nos fabriques.

En détruisant ces institutions, on a jeté le désordre dans tous les rangs; on a mis l'état et les particuliers aux prises avec des hommes que personne ne connaît pour ce qu'ils sont réellement; on a ouvert un vaste champ à l'intrigue, à la mauvaise foi; et Paris est devenu un centre d'agiotage, où des milliers d'individus qui n'ont aucune capacité entreprennent tout ce qui se présente, en prenant au besoin, la patente qui les autorise à faire, soit le commerce, soit l'entreprise, selon le but de leur ambition.

C'est particulièrement sur tout ce qui tient aux constructions des habitations de toutes les classes de citoyens, comme aussi aux édifices publics, qu'il est instant de fixer l'attention du gouvernement.

Depuis l'abolition des maîtrises et corporations, une foule de gens, au moyen d'une patente, se sont mis sur les rangs pour les entreprises de bâtimens : ils ont formé des établissemens, comme maçons, charpentiers, menuisiers, serruriers, marbriers, peintres et autres professions tenant aux constructions en général; à force d'intrigue ou d'argent, ils ont surpris la confiance des particuliers, même du gouvernement, pour être employés dans les grands édifices : ils soumissionnent souvent des ouvrages au-dessous de leur valeur véritable, bien résolus de se dédommager d'un mauvais marché par les malfaçons ou la mauvaise qualité des matériaux (3).

De là les plaintes continuelles des consommateurs lésés dans leur fortune et souvent ruinés par tous ces faux ouvriers que la loi autorise à faire des professions qu'ils ne connaissent pas; de là toutes les contestations, les procès dont les tribunaux sont investis, et qui souvent se terminent par la ruine de la partie plaignante.

Ce n'est pas encore là le terme des désordres que causent à la société les hommes que je viens de signaler.

Après avoir usurpé la qualité d'entrepreneurs de bâtiment, ils poussent l'audace jusqu'à se dire architectes; ils en exercent les fonctions quand ils trouvent des propriétaires assez imprudens pour se confier à eux; et souvent ils se constituent, dans une même affaire, l'architecte et l'entrepreneur; et, en cas de contestations, ils deviennent quelquefois juges et parties dans leur propre cause.

Ce sont encore ces mêmes hommes qui obtiennent, par surprises faites aux magistrats, la qualité d'architectes-experts auprès des tribunaux, ce qui ne fait qu'accroître le désordre contre lequel on invoque inutilement la loi. Voilà ce qui, depuis plus de vingt ans, a contribué à déconsidérer la noble profession d'architecte qui exige deux qualités inséparables l'une de l'autre, le talent et la probité.

Pour remédier à tous ces abus qui font le tourment des citoyens qui, par la nature de leur fortune, sont obligés d'appeler à eux des architectes, il faut s'empresser de recréer la noble corporation des architectes, connue sous le nom d'Académie. Il faut exiger des architectes qui prétendront à l'honneur d'y être admis, qu'ils fassent preuve de talent et de moralité (4).

Il faut aussi rétablir la corporation des architectes-experts, pour remplacer, auprès des tribunaux, une foule de prétendus architectes-experts, qui, non contens de prononcer sur des objets qui leur sont étrangers, soumettent souvent leur jugement aux moyens de séduction qui leur sont offerts pour faire succomber une bonne cause (5).

Je viens d'esquisser l'aperçu de tous les désordres qui se commettent dans les différentes professions qui tiennent aux bâtimens civils : parlons maintenant de la classe des marchands, soit en gros, soit en détail.

Le commerce est un genre d'industrie, qui se borne à réunir, dans des magasins ou boutiques, tout ce qui tient aux besoins de la vie ou du luxe.

Avant la révolution c'était une idée reçue que, pour s'établir marchand, il fallait avoir une fortune capable de soutenir les premiers frais d'un établissement, et qui fût en même temps, de nature à pouvoir offrir aux fabricans des diverses marchandises dont on voulait faire négoce, une garantie du crédit qu'on exigeait d'eux.

Pour avoir le droit d'ouvrir une maison de commerce, il fallait se faire admettre dans l'une des corporations qui faisaient partie des six corps; il fallait, en outre, être présenté par l'un des syndics de la communauté, lequel attestait que vous aviez de la probité, de l'intelligence et les moyens nécessaires pour vous soutenir honorablement dans le commerce que vous alliez entreprendre. C'était, en quelque sorte, sur la bonne réputation de celui qui vous présentait que la communauté se faisait un plaisir de vous admettre dans son sein.

Toutes ces précautions étaient d'autant plus sages, qu'elles imposaient à la classe marchande la nécessité d'avoir de la probité, qualité sans laquelle le marchand ne peut prétendre ni à la confiance ni à la considération publiques : telles étaient les lois du commerce, et dont l'expérience avait justifié l'utilité.

La révolution, en renversant cet ordre de chose, si utile à la société, a fait au commerce le même dommage qu'elle a fait à l'industrie en général.

En donnant au premier venu le droit de faire tel commerce qu'il lui plaît d'entreprendre, au moyen d'une patente, on a vu une foule d'intrigans qui, n'ayant rien à perdre de leur propre, ont tout risqué pour s'enrichir par la voie du négoce. En effet, que voit-on dans Paris et par toute la France? Des hommes que personne ne connaît, qui n'ont aucune existence dans la société, et qui cependant ouvrent des maisons de commerce : le propriétaire fonde la garantie de ses loyers sur les dépenses d'embellissement qu'on fait dans sa maison; l'ouvrier de bâtiment, avide de travailler, n'examine pas assez les ressources de l'homme qui l'emploie, et se laisse séduire par l'espoir du gain; le fabricant, à son tour, confie sa marchandise sur l'apparence d'un bel établissement, et l'année souvent est plus que suffisante pour voir commencer et finir des maisons de commerce qui annonçaient devoir être de quelqu'importance. Si, dans le nombre de ces établissemens témérairement entrepris, il en est quelques-uns qui se soutiennent, ce n'est le plus souvent que par la mauvaise foi qui procure des bénéfices illicites, lesquels finissent presque toujours par des banqueroutes scandaleuses, devenues, depuis la révolution, un des moyens les plus fréquens de s'enrichir aux dépens d'autrui.

C'est cet état de chose, qui n'est que trop vrai, qui porte

chaque jour un coup mortel au commerce et à l'intérêt du consommateur; et je ne crains pas d'assurer, en terminant cet article, que, si l'on ne s'empresse d'arrêter tous ces désordres, le commerce en France perdra sans retour la confiance de l'étranger (6).

Il me reste à traiter, dans cet écrit, un objet essentiel, celui de l'impôt industriel, connu, avant la révolution, sous le nom de capitation, aujourd'hui sous celui de la patente. Avant d'entrer en matière sur ce point important pour le trésor public, qu'il me soit permis d'envisager un moment l'institution des corporations ou maîtrises, sous le point de vue de l'utilité publique.

C'est souvent faute de bien établir le principe du sujet qu'on se propose de traiter, que les discussions les plus simples se prolongent sans rien résoudre d'utile à l'objet mis en délibération.

La question à poser relativement au rétablissement des maîtrises et corporations est fort simple, et sa solution ne peut établir aucun doute.

Faut-il sacrifier l'intérêt général à l'intérêt particulier? Celui-ci peut-il entrer en comparaison avec l'intérêt général? La réponse est d'avance tellement prévue, que je crois inutile d'en faire le sujet d'une dissertation.

La tyrannie, qui ne veut que régner, a le plus grand intérêt à tout diviser pour mieux opprimer : la monarchie, au contraire, dont le besoin est de gouverner avec sagesse, s'applique à réunir, autant que possible, les hommes pour affaiblir en eux l'égoïsme qui tend à détruire en nous cet amour du bien public, si nécessaire au bonheur de tous.

Telles sont en tout temps, les vues sages du gouvernement monarchique; si dans l'esprit de cette institution politique, l'autorité qui en découle est parmi nous l'image de la puissance paternelle, un bon Roi, étant l'ami et le père de ses sujets, leur doit à tous un égal secours et une même protection, mais toujours subordonnés au zèle que chacun apporte en particulier à remplir ses devoirs de citoyen et de sujet.

S'il est de l'intérêt bien entendu du gouvernement d'encourager l'industrie et le commerce, il est aussi de son intérêt que le consommateur soit protégé en cas de fraude de la part de l'ouvrier ou du marchand, comme il est aussi le premier intéressé à ce que tout ce qui se fait, en matière d'industrie, égale et surpasse, s'il se peut, ce que fabriquent et vendent les autres puissances, puisque c'est cela seul qui fait pencher la balance du commerce en faveur de telle ou telle nation.

J'ai déjà observé que dans les petites villes où chacun se connaît, le marchand et l'artisan sont les premiers intéressés à faire leur devoir; mais lorsque placés au milieu d'une immense population, ils peuvent échapper à la surveillance générale, c'est alors qu'ils ne voient plus que leur intérêt personnel et que tous les moyens de tromper sont bons pourvu qu'ils réussissent; c'est donc pour remédier à tous ces inconvéniens qui lèsent d'abord le consommateur en particulier, et qui préjudicient ensuite à l'intérêt général comme à celui du gouvernement, qu'on a senti la nécessité indispensable des corporations ou maîtrises.

Pour prouver ce que j'avance il suffit d'examiner l'esprit de ces institutions.

Quels en étaient le but et les motifs? D'abord celui de réunir ensemble tous les hommes d'une même profession et par là les rendre beaucoup moins étrangers l'un à l'autre, puis celui de se surveiller réciproquement en nommant parmi eux les plus anciens, les mieux famés, pour occuper les places de syndics et de jurés, lesquels par les statuts et règlemens de la communauté avaient le droit d'inspecter les travaux de leurs confrères, en faisant à l'improviste des visites dans leurs ateliers; celui encore, de rendre justice au consommateur trompé par un entrepreneur de ladite communauté, et de même de protéger l'entrepreneur contre l'injustice du consommateur, enfin de rendre à chacun la justice qui tenait à leur juridiction, le tout sans frais et sans perte de temps.

Je viens d'envisager les corporations sous différens rapports utiles à l'intérêt général, voyons les maintenant sous celui de la perfection dans tous les objets d'industrie.

La perfection dans les arts mécaniques est une des principales causes qui augmentent les richesses d'une nation par l'accroissement et l'étendue qu'elle donne à son commerce; c'est donc pour exciter l'émulation qu'on a voulu que l'artisan fît preuve de capacité avant de lui accorder la qualité de maître.

C'est cette loi sage qui forçait l'ouvrier à s'instruire, et c'était sa capacité reconnue qui lui assurait cette considération qui, en même temps qu'elle flatte notre amour-propre, sert aussi notre intérêt.

Qu'est-il arrivé après avoir aboli, au nom de la liberté, toutes les maîtrises comme étant contraires au prétendu droit que chacun a d'embrasser telle profession qu'il juge à propos? que l'industrie et le commerce sont livrés à toutes les chances de l'imperfection et de la mauvaise foi.

Interrogeons les faits passés et ceux qui chaque jour ont lieu ; l'entrepreneur établi vous dira, qu'en supportant les charges de l'état, rien n'est certain pour lui dans l'exercice de son industrie, qu'il est journellement dépouillé de ses travaux par l'ouvrier qu'il emploie, et que c'est très-souvent avec les matières qui lui appartiennent que ce même ouvrier fait, à son profit, une foule de petites entreprises, sans pour cela payer aucun tribut à l'état.

Écoutez encore l'entrepreneur, il vous dira que le simple droit de patente, en favorisant un nombre infini d'établissemens qui ne peuvent se soutenir faute, souvent de capacité, d'intelligence, ou de moyens pour supporter toutes les chances fâcheuses de l'entreprise, a diminué la classe des ouvriers, ce qui augmente encore le prix des journées de travail, et multiplie dans la société une foule d'hommes qui, soit paresse, soit orgueil, ne veulent plus rentrer dans les rangs de simples compagnons, après avoir échoué dans la carrière de l'entreprise.

Qu'on entende les plaintes du commerce sur la mauvaise fabrication des marchandises, sur l'immense quantité de gens qui font des affaires de négoce, sans être assujétis au droit de patente, et l'on connaîtra tout le mal qu'on a fait au trésor public, et le coup mortel porté à la confiance du consommateur, en abolissant les institutions qui faisaient sa garantie dans l'achat des objets utiles aux besoins de la vie.

Pour hâter l'abolition des maîtrises, l'esprit révolutionnaire a prétendu qu'elles étaient un obstacle à l'établissement de la concurrence qui fait baisser le prix de toute chose.

On a dit encore que les corporations faisaient naître,

parmi les individus qui en dépendent, un esprit de corps contraire à l'égalité; toute misérable que peut être cette dernière accusation, je crois nécessaire d'y répondre.

Qu'est-ce que l'esprit de corps? est-ce une volonté déterminée de se soustraire à tous ses devoirs de citoyen et de sujet? est-ce un désir de ne voir, ne penser et n'agir qu'en faveur de la petite société à laquelle on appartient par l'industrie qu'on exerce? Non, c'est un sentiment de satisfaction que tout bon citoyen doit éprouver lorsqu'il fait partie d'une société qui se fait remarquer dans le monde, par sa capacité, ses lumières ou sa probité.

Un homme qui a l'esprit militaire se fait gloire d'appartenir à un corps qui est à la fois *aux yeux de son souverain, un exemple de discipline et de courage dans les dangers imminens.*

Un homme de barreau est fier de faire partie d'un tribunal où brillent la sagesse et l'intégrité.

L'ouvrier aime à entendre vanter l'intelligence de ses confrères, parce que la considération que l'artisan attire sur lui-même, rejaillit sur tous les individus de sa corporation.

Le marchand entend avec plaisir vanter la probité de ses confrères, parce que la bonne opinion qu'ils donnent d'eux-mêmes, sert ses intérêts commerciaux.

Il est naturel de vouloir arriver à son tour aux charges et aux petites prérogatives attachées à la corporation dont on fait partie.

C'était avant la révolution, un acte d'une bien grande sagesse de la part du gouvernement de vouloir qu'une constante probité dans les transactions commerciales, fût un chemin pour arriver à la noblesse par l'échevinage, et d'en exclure tout homme dont le proche parent avait failli à l'honneur et à la bonne foi ; comparons, en fait de commerce, le passé avec le présent, et nous n'aurons qu'à gémir d'avoir détruit d'aussi sages institutions.

Quant à l'idée avantageuse qu'on s'était faite de la concurrence, l'expérience a prouvé le contraire, la main d'œuvre s'est soutenue à un prix élevé par l'empressement qu'un grand nombre d'ouvriers ont mis à former des établissemens onéreux, et pour lesquels il a fallu maintenir le prix de son travail.

Si le peu d'étendue que doit avoir un simple mémoire ne commandait pas la plus grande brièveté dans l'exposé des matières qui en font le sujet, j'éprouverais un grand plaisir à faire connaître tous les actes d'humanité exercés par les corporations en général, et les services qu'elles ont rendus au gouvernement dans les momens calamiteux ; mais ces faits étant trop multipliés pour trouver place dans cet écrit, je me contenterai d'en citer quelques-uns qui feront voir sous combien de rapports l'intérêt général a été sacrifié par l'abolissement des maîtrises.

Je parlerai seulement de la corporation des orfèvres de Paris ; leur maison, ou bureau, s'appelait la maison commune, parce qu'on y entretenait, aux frais de tout le corps des orfèvres, douze ménages pour les maîtres de ladite communauté que l'infortune et l'âge accablaient ; on y payait en outre cent pensions, depuis cent cinquante livres jusqu'à cent écus. Il y avait dans cette maison commune un oratoire desservi par un chapelain, un médecin, un chirurgien, une garde-malade. Tout ce monde était attaché au service de la maison et salarié aux frais de la communauté.

Le récit des différens traits de munificence des corporations ferait encore un fort long chapitre; il me suffira de citer deux faits bien connus.

C'est au corps des orfèvres, que la cathédrale de Paris devait, avant la révolution, tous les beaux tableaux qui ornaient l'intérieur de cette basilique : chaque année, le mois de mai était l'époque où les orfèvres faisaient placer un nouveau chef-d'œuvre dans ce temple. Il fallait être de l'académie pour prétendre à l'honneur d'exécuter de ces tableaux.

En 1777, lors de la guerre de l'Amérique avec l'Angleterre, guerre dans laquelle la France prit une part active, le commerce de Paris, désigné sous le nom des six corps, fit présent au roi d'un vaisseau de guerre de la valeur d'un million, et ce vaisseau fut nommé la Ville de Paris.

Je n'ai parlé jusqu'ici que de la seule corporation des marchands, et en particulier des orfèvres. Ce serait, en littérature, un ouvrage d'un grand intérêt que celui qui contiendrait le récit des services que toutes les maîtrises ou corporations, en France, en Italie, en Espagne et en Allemagne ont rendus à la société, par tous les établissemens qu'elles ont fondés, soit dans des vues d'humanité, soit par des idées de munificence.

J'abandonne à regret tous ces faits qui ne peuvent trouver place ici, et je me hâte de traiter l'objet de l'impôt industriel connu, avant la révolution, sous le nom de capitation, aujourd'hui sous celui de patente : c'est encore sur cette matière que j'espère fixer l'attention du gouvernement en faveur du rétablissement des corporations.

Les gouvernemens ne se soutiennent que par le produit des impôts. Tout homme qui peut exercer, dan un pays quelconque, son industrie avec avantage, et dont la personne et les biens sont garantis, doit partager les charges de l'état.

On ne connaît en France que deux natures d'impôts ou charges publiques, l'impôt foncier et personnel et l'impôt indirect; le premier porte sur les immeubles et meubles; le second sur la consommation.

L'inconvénient que quelques personnes croient entrevoir au rétablissement des corporations, est le produit de la patente, bien supérieur, dit-on, à celui de l'ancienne capitation.

Pour dissiper ces craintes, une seule question suffit. Sur quoi repose le produit de l'industrie? Sur la consommation. Si personne ne conteste le principe, passons à la conséquence.

Qu'il me soit permis de prendre pour base de ce que je vais avancer, une profession quelconque. Je suppose, pour un moment, que tous les limonadiers de Paris débitent dans le courant de l'année pour trois millions de marchandises en sucre, café, liqueur et bierre, et que l'impôt soit du vingtième de cette somme: voilà cent cinquante mille francs qu'il faudra payer au trésor public.

Qu'importe au gouvernement que le nombre des contribuables, comme limonadiers, soit de quatre, trois ou deux mille, si la consommation est la même? le produit étant égal, l'impôt doit être le même, et quel que soit le nombre des contribuables, aucun ne refusera d'acquitter sa quote part; je dis plus: moins le nombre des contribuables est grand, en pareille circonstance, plus les bénéfices sont certains et multipliés pour chacun d'eux, ce qui devient une garantie de plus pour le gouvernement.

Ce que je viens de dire pour une profession, s'applique

naturellement à tout ce qui est industrie et commerce, et si le produit de l'impôt industriel repose sur la consommation en tout genre, il est bien simple de le placer au rang des impôts indirects; et c'est en le considérant sous ce rapport qu'on sentira plus que jamais la nécessité du rétablissement des corporations ou maîtrises.

L'abolition des corporations fut un des moyens inventés par les révolutionnaires pour attirer la multitude dans leur parti.

Tant qu'il fut permis d'exercer le commerce et l'industrie sans être assujéti à aucune rétribution personnelle; tant que dura l'abolition de tous les doits d'entrée, la liberté et l'égalité furent les idoles auxquelles on sacrifia tout ce qui tenait à l'ordre public et à la prospérité de l'état.

Mais lorsque le gouvernement se vit pressé par ses propres besoins; lorsqu'il fallut en revenir aux impôts pour acquitter la dette publique; ce fut alors que les gouvernans sentirent la difficulté d'une répartition légale dans l'impôt industriel, sans le secours des corporations.

Rétablir ces sages institutions, c'était ramener les esprits vers les idées monarchiques, système contraire à la tyrannie qui gouvernait alors.

Pour sortir d'embarras, on imagina une taxe égale pour tous les gens d'une même profession : les produits n'étant pas les mêmes pour chaque individu, et ne pouvant au juste en connaître la différence, on crut atteindre la mesure par l'addition, à la patente, du dixième du loyer, plus un impôt personnel. Toutes ces bases étaient fausses et l'expérience le prouve tous les jours.

Ce n'est point dans les quartiers du luxe, où le prix des

loyers est exorbitant que se font souvent les gros bénéfices, dans le commerce ou l'industrie. Tel qui affiche un grand luxe dans sa maison de commerce est souvent au-dessous de ses affaires, lorsqu'à quelques pas plus loin on voit un modeste marchand, ou maître ouvrier, dont le prix de la patente et du dixième de son loyer ne forme en tout qu'un très-petit capital, faire, dans sa profession, de très-gros bénéfices.

Voilà ce qui se fait remarquer dans toutes les professions, ou commerces, qui s'exercent dans l'intérieur des murs de Paris.

Il résulte de ce mode vicieux pour la perception de l'impôt industriel que, dans toutes les professions ou commerces assujétis à la patente, cet impôt opprime les faibles sans atteindre la fortune des riches. Pour rétablir l'équilibre dans cette partie de l'administration générale, il faut donc en revenir aux maîtrises : voilà ce que je vais prouver.

Quel était, avant la révolution, le mode de perception de l'impôt industriel? Le voici : le Gouvernement demandait tous les ans à chaque communauté une somme déterminée, comme impôt d'industrie. La demande était adressée aux jurés et syndics de chaque communauté : ceux-ci en faisaient la répartition entre tous les membres de la communauté, en raison de leurs facultés industrielles.

Si l'un des imposés se trouvait lésé dans la demande qui lui était faite, il allait au bureau de la communauté; on examinait les motifs de ses réclamations, et de suite il obtenait justice.

J'ai dit que l'impôt industriel n'était, pour chaque ouvrier ou marchand, qu'un impôt indirect; en voici la preuve :

la communauté maintenait-elle, pour l'année suivante, la demande faite l'année précédente? Si les revenus industriels ou du marchand ou de l'ouvrier n'étaient plus les mêmes, à raison de moindres bénéfices, il allait à sa communauté justifier de sa position présente, et de suite il était dégrévé.

Ce simple exposé des faits suffit pour faire connaître l'excellence de ce mode de perception, en même temps qu'il confirme cette vérité : qu'il n'y a que des corporations qui peuvent connaître les facultés de chacun de leurs confrères, et empêcher les individus de mauvaise foi de se soustraire aux charges publiques.

Je pense avoir suffisamment démontré, sous tous les rapports, la nécessité du rétablissement des corporations ou maîtrises. Je vais récapituler les faits qui militent en leur faveur.

RÉSUMÉ.

Pour faire fleurir les beaux-arts il faut les honorer, et rien n'atteint mieux ce but que les sociétés savantes, qui peuvent mieux que personne fixer l'opinion publique sur les vrais talens, qui seuls méritent d'être l'objet de la munificence du Gouvernement.

Pour encourager l'industrie et protéger l'ouvrier laborieux, intelligent, qui met tous ses soins à perfectionner son industrie, il faut des corporations, parce qu'elles seules sont et doivent être, chacune dans l'industrie qui les confirme, les juges les plus éclairés de la capacité de l'ouvrier qui veut prendre la qualité de maître.

A l'égard du commerce, qui repose entièrement sur la confiance, les corporations lui sont d'autant plus utiles, qu'il faut absolument s'assurer de l'intelligence, de la probité et des facultés pécuniaires de celui qui veut ouvrir une boutique ou magasin de commerce.

L'ordre public veut que tout homme qui entreprend le commerce, lequel n'est autre chose qu'une industrie d'échange, présente à ceux qui lui confient une partie de leur fortune, par les marchandises qu'ils déposent dans sa maison, un avoir qui en devienne la garantie.

C'est encore dans les industries qui tiennent aux bâtimens, qu'il est de l'intérêt de chacun de ne donner sa confiance qu'à des ouvriers en état de faire des avances, parce qu'elles deviennent une garantie, en cas de fraude ou de malfaçon de la part de l'ouvrier.

Pour juger les difficultés qui naissent de pareilles causes et empêcher des procès ruineux, il n'est rien tel que les gens qui exercent la profession de l'ouvrier, j'entends la corporation à laquelle il appartient.

S'il est utile à l'intérêt du consommateur, comme à celui du trésor public, que l'ouvrier qui veut exercer, comme maître, sa profession, ait avant tout rempli les conditions voulues par la loi, qui peut mieux que les corporations l'obliger à s'y soumettre?

Si l'esprit d'égoïsme, qui est l'ennemi mortel de l'intérêt général, s'est accru parmi nous d'une manière affligeante depuis la révolution, qui peut mieux le combattre que l'esprit de corps qui nous conduit insensiblement à faire quelquefois le sacrifice de notre intérêt en faveur de la corporation à laquelle nous appartenons?

C'est en isolant entre eux les hommes qui exercent une même profession, qu'on a augmenté les maux que fait l'intérêt d'un seul à l'intérêt de tous : c'est en les réunissant en corporation qu'on diminuera ce mal, et qu'on débarrassera le Gouvernement d'une surveillance qu'il ne peut lui seul exercer avec succès.

Si on examine attentivement ce que c'est que la probité, on verra que c'est une vertu d'autant plus difficile à pratiquer, qu'elle exige un sacrifice continuel de son intérêt personnel envers l'honneur et la justice.

Ce n'est pas assez de passer dans le monde pour un homme probe, il faut encore l'être au tribunal de sa conscience. Ce n'était donc pas sans raison que le Gouvernement, avant la révolution, honorait la probité dans le commerce, en la faisant arriver à la noblesse par l'échevinage.

Pour rendre au commerce la confiance et l'estime dont il jouissait, et qu'il a perdue par le fait de la révolution, il faut se hâter de rétablir ces sages institutions.

Pour ce qui regarde le trésor public, relativement au produit de l'impôt industriel, connu sous le nom de patente, si l'on reconnaît que c'est la consommation qui en détermine la quotité, il est plus que prouvé que la répartition en sera bien mieux faite par les corporations que par tous les autres moyens, et que le nombre des contribuables importe peu au Gouvernement, puisqu'il ne peut influer en rien sur le produit de ce même impôt (7).

Pour connaître à quoi s'élève le produit de la patente et le dixième du loyer des différentes professions ou commerces, le moyen est simple : qu'on demande à chaque percepteur d'impositions qu'il fasse, d'après ses registres, le dépouillement de tous les hommes d'une même profession qui lui paient patente; d'après cela on connaîtra le nombre de ceux qui exercent la même industrie, et ce que chaque état peut produire d'impôt industriel. Ce sera sur cette base qu'on pourra fixer la demande à faire à chaque corporation, et que cette même somme sera répartie avec la justice qu'on doit à chaque contribuable.

Pour terminer cet article, qui traite de l'objet qui intéresse le trésor public, j'ai encore un mot à dire sur les usages établis dans les différentes corporations.

Après que l'ouvrier avait justifié de sa capacité, il fallait qu'il payât une somme, comme droit de maîtrise ; cette rétribution s'élevait depuis environ trois cents francs jusqu'à huit cents francs, selon l'importance de la profession qu'on voulait exercer ; et l'on donnait toujours à l'ouvrier, plus ou moins avancé dans ses moyens d'établissement, du temps pour acquitter sa maîtrise.

Tout ouvrier qui avait fait son apprentissage dans Paris payait moins; le fils de maître, fort peu de chose, et la veuve d'un entrepreneur pouvait, sans aucune rétribution, continuer l'état de son mari, pourvu qu'elle justifiât de la capacité de son chef d'atelier.

Il en était de même dans toutes les corporations des six corps ou communautés de commerce, à l'exception que la somme à donner, comme marchand, s'élevait jusqu'à douze cents francs dans certaine communauté, selon le genre de commerce qu'on se proposait d'exercer. Ces sommes étaient en grande partie versées dans le trésor public : la faible retenue qu'en faisaient les communautés servait à acquitter les frais de bureau et autres charges de la communauté.

A l'égard de la perception de l'impôt industriel, connu alors sous le nom de capitation, les syndics et jurés des diverses communautés, accompagnés d'un greffier et d'un secrétaire, allaient trois ou quatre fois l'an chez les contribuables recevoir la quotepart de chacun, et la versaient sans frais dans le trésor public.

Voilà, Monseigneur, l'aperçu rapide des considérations en faveur du rétablissement des corporations ou maîtrises; j'ai banni de cet écrit tout ce qui n'est que théorie ou système, persuadé que ce qui semble le plus parfait en ce genre, vient souvent échouer devant l'expérience; c'est sous le poids des innovations que le bonheur public a succombé. Je crois devoir observer ici, que la loi ne pouvant pas avoir un effet rétroactif, il faut que tous ceux qui exercent, comme patentés, une profession quelconque, fassent partie des communautés, sans égard à leur incapacité; mais à partir du moment où les corporations seront rétablies, il faut que la loi sur les preuves de capacité soit exécutée dans toute sa rigueur.

Tant que l'usage du chef-d'œuvre a été maintenu, on a vu dans toutes les professions mécaniques des ouvriers d'une rare habileté.

On s'étonne de la rapidité du mal et de la lenteur du bien : la cause de ces deux extrêmes est facile à expliquer; c'est que ceux qui font le mal en ont le profit, et que ceux qui font le bien n'en ont que la satisfaction; c'est la raison pour laquelle, pendant la révolution, les honnêtes gens ont montré tant d'insouciance à s'opposer à l'audace des méchans, dont ils ont fini par être les victimes.

Pour moi, Monseigneur, qui bénis la Providence d'avoir assez vécu pour rentrer sous l'autorité légitime d'un Souverain, qui n'a qu'à céder à la simple impulsion de sa grandeur d'âme pour être adoré de ses sujets, j'ai mis au rang de mes devoirs, comme citoyen, de faire connaître tout ce que je pense en faveur des corporations ou maîtrises, dont le rétablissement me paraît indispensable au bien de l'industrie et du commerce (8).

Puissent mes efforts être auprès de vous, Monseigneur, une preuve non douteuse de mon admiration pour vos vertus et votre mérite.

J'ai l'honneur d'être, de Votre Excellence,

Monseigneur,

Le très-humble et très-soumis serviteur,

DE SEINE,

Statuaire, Membre de l'ancienne Académie Royale de peinture, sculpture, de plusieurs sociétés savantes, premier statuaire de S. A. S. Mgr. le Prince De Condé.

OBSERVATIONS.

J'avais livré ce mémoire à l'impression, lorsqu'un de nos célèbres jurisconsultes, M. Delacroix Frainville, qui, en sa qualité de censeur, venait de prendre connaissance de cet écrit, témoigna le désir de me connaître pour m'inviter à faire imprimer à la suite de ce travail un discours sur le même sujet, prononcé par feu M. Seguier, *à Versailles, le 12 mars* 1776.

Je m'estime très-heureux de m'être rencontré d'opinions avec un magistrat aussi célèbre, et je ne doute nullement que son éloquent discours, en faveur des jurandes, ne serve puissamment aujourd'hui cette cause, en faveur de laquelle j'écris.

Je préviens le lecteur que cette pièce est placée après les notes de ce mémoire.

NOTES.

(1) En abolissant toutes les maîtrises, feu Turgot n'osa point toucher à la communauté des orfèvres et à celle des apothicaires. D'une part, il avait craint le faux poids, le faux titre et le faux poinçon;

De l'autre, l'empoisonnement des malades par la mauvaise préparation des médicamens.

(2) Qu'on interroge les honnêtes gens, dans le commerce, ils feront connaître par combien de moyens on peut tromper dans le négoce.

(3) Il n'y a qu'à demander ce qui s'est passé à l'abbaye Saint-Denis, et dans les autres grandes constructions commencées sous Buonaparte, pour connaître par combien de moyens un entrepreneur, sans probité, peut s'enrichir aux dépens de la solidité d'un édifice public ou particulier.

(4) Si le directoire avait eu la puissance de gouverner la France avec sagesse, un de ses premiers soins eût été de rétablir les sociétés savantes : ordonner aux trois premières classes de l'institut de continuer les travaux des anciennes académies, n'était-ce pas en faire le plus bel éloge?

Le directoire en eût fait de même pour toutes les institutions utiles aux progrès de l'industrie et du commerce.

Je tiens pour certain que sous Buonaparte, on avait agité au conseil d'état la proposition du rétablissement de toutes les maîtrises et corporations : c'était l'avis de la majorité du conseil; il n'y eut d'opposans que quelques membres un peu trop entichés de républicanisme. La proposition fut ajournée, et il est plus que probable qu'on y serait revenu.

(5) On compte aujourd'hui dans le nombre de ceux qui ont, auprès des tribunaux, le titre d'architecte expert, des hommes absolument étrangers à ce qui a rapport au bâtiment. Avant la révolution on examinait celui qui voulait traiter d'une charge d'architecte expert, et s'il ne remplissait pas toutes les conditions voulues par les statuts du corps, il était refusé.

(6) Je ne connais point d'abus plus grand que celui qui donne à un patenté de première classe le droit d'entreprendre ce qu'il veut, soit commerce, soit industrie : ce privilége injuste fut créé pour l'avantage de quelques puissans, sous la tyrannie, parce qu'à l'aide d'agens discrets ils trafiquaient sur tout et acquéraient par ce moyen de grandes fortunes.

Avant la révolution, l'expérience avait appris au gouvernement combien il était sage de renfermer chaque marchand dans sa sphère : celui qui faisait commerce de drap, ne pouvait pas vendre de la soierie, et celui-ci, par la même raison, ne pouvait pas faire commerce de draps.

Le marchand en gros ne pouvait pas vendre en détail, et chaque commerce en gros était limité dans la stature des objets de son commerce, il en était de même de toutes les espèces de commerces et d'industries.

Qu'on consulte les différens statuts et réglemens des corporations, et l'on verra combien l'expérience avait perfectionné ces institutions; et de suite on sentira tout l'avantage qu'en devait retirer le trésor public.

(7) Ce n'est point sur le nombre des individus qui font usage du papier marqué, que repose le produit du timbre, mais bien sur la quantité d'affaires qui en nécessitent et déterminent la consommation.

(8) Je n'ai point parlé, en plaidant la cause des corporations, de ces réunions d'ouvriers sous le nom de frères tailleurs, frères cordonniers; ces associations, en quelque sorte religieuses, rendaient les plus grands services aux enfans orphelins qu'ils retiraient dans leur maison pour leur enseigner leur profession et les élever dans la religion catholique: on les estimait pour leurs ouvrages et leur probité. Les frères hermites du Mont-Valérien étaient recherchés pour les ouvrages de bonneterie qu'ils fabriquaient dans leur couvent, et pour les bonnes œuvres qu'ils exerçaient envers l'humanité. Voilà tout ce que la révolution nous a fait perdre.

A Versailles, an 1776.

Sire,

« Le bonheur de vos peuples est encore le motif qui engage en ce moment votre Majesté à déployer la puissance royale dans toute son étendue. Mais puisqu'il nous est permis de nous expliquer sur une loi destructive de toutes les lois de vos augustes prédécesseurs, la bonté même de votre Majesté nous autorise à lui présenter avec confiance les réflexions que le ministère qui nous est confié nous oblige de mettre sous ses yeux, et nous ne craindrons point d'examiner, au pied du trône d'un Roi bienfaisant, si son intention sera remplie, et si ses peuples en seront plus heureux.

La liberté est sans doute le principe de toutes les actions, elle est l'âme de tous les États, elle est principalement la vie et le premier mobile du commerce. Mais, Sire, par cette expression si commune aujourd'hui, et qu'on a fait retentir d'une extrémité du royaume à l'autre, il ne faut point entendre une liberté indéfinie, qui ne connaît d'autres lois que ses caprices, qui n'admet d'autres règles que celles qu'elle se fait à elle-même. Ce genre de liberté n'est autre chose qu'une véritable indépendance; cette liberté se changerait bientôt en licence, ce serait ouvrir la porte à tous les abus; et ce principe de richesse deviendrait un principe de destruction, une source de désordre, une occasion de fraude et de rapines, dont la suite inévitable serait l'anéantissement total des arts et des artistes, de la confiance et du commerce.

Il n'y a, Sire, dans un état policé, de liberté réelle, il ne peut y en avoir d'autre que celle qui existe sous l'autorité de la loi. Les entraves salutaires qu'elle impose, ne sont point un obstacle à l'usage qu'on en peut faire, c'est une prévoyance contre tous les abus que l'indépendance traîne à sa suite. Les extrêmes se touchent de près; la perfection n'est qu'un point dans l'ordre physique, au-delà duquel le mieux, s'il peut exister, est souvent un mal, parce qu'il affaiblit, ou qu'il anéantit ce qui était bon dans son origine.

Pour s'en convaincre, il ne faut que jeter un coup d'œil sur l'érection même des communautés.

Avant le règne de Louis IX, les prévôts de Paris réunissaient aux fonctions de la magistrature, la recette des deniers publics. Les malheurs du temps avaient forcé, en quelque façon, à mettre en ferme le produit de la justice et la recette des droits royaux. Sous l'avide administration des prévôts, fermiers, tout était, pour ainsi dire, au pillage dans la ville de Paris, et la confusion régnait dans toutes les classes des citoyens. Lois IX se proposa de faire cesser le désordre, et sa prudence ne lui suggéra d'autres moyens, que de former de toutes les professions, autant de communautés distinctes et séparées, qui pussent être dirigées au gré de l'administration. Ce remède, qui est l'origine des corporations actuelles, réussit au-delà de toute espérance. Le brigandage cessa : l'ordre fut rétablit. Le même principe a dirigé les vues du gouvernement sur toutes les autres parties du corps de l'état ; et c'est d'après ce premier plan qu'il maintint le bon ordre. Tous vos sujets, Sire, sont divisés en autant de corps différens, qu'il y a d'états différens dans le royaume. Le clergé, la noblesse, les cours souveraines, les tribunaux inférieurs, les officiers attachés à ces tribunaux, les universités, les académies, les compagnies de finances, les compagnies de commerce; tout présente, et dans toutes les parties de l'état, des corps existans, qu'on peut regarder comme les anneaux d'une grande chaîne, dont le premier est dans la main de votre Majesté, comme chef et souverain administrateur de tout ce qui constitue le corps de la nation.

La seule idée de détruire cette chaîne précieuse devrait être effrayante. Les communautés de marchands et artisans, font une portion de ce tout inséparable qui contribue à la police générale du royaume : elles sont devenues nécessaires; et pour nous renfermer dans ce seul objet, la loi, Sire, a érigé des corps de communautés, a créé des Jurandes, a établi des réglemens, parce que l'indépendance est un vice dans la constitution politique, parce que l'homme est toujours tenté d'abuser de la liberté. Elle a voulu prévenir les fraudes en tout genre, et remédier à tous les abus. La loi veille également sur l'intérêt de celui qui vend, et sur l'intérêt de celui qui achète; elle entretient une confiance réciproque entre l'un et l'autre; c'est, pour ainsi dire, sur le sceau de la foi publique, que le commerçant étale sa marchandise aux yeux de l'acquéreur, et que l'acquéreur la reçoit avec sécurité des mains du commerçant.

Les communautés peuvent être considérées comme autant de petites républiques, uniquement occupées de l'intérêt général de tous les membres qui les composent; et s'il est vrai que l'intérêt général se forme de la réunion des intérêts de chaque individu en particulier, il est également vrai que chaque membre, en travaillant à son utilité personnelle, travaille nécessairement, même sans le vouloir, à l'utilité véritable de toute la communauté. Relâcher les ressorts, qui font mouvoir cette multitude de corps différens; anéantir les Jurandes, abolir les réglemens, en un mot, désunir les membres de toutes les communautés, c'est détruire les ressources de toute espèce que le commerce lui-même doit désirer pour sa propre conservation. Chaque fabricant, chaque artiste, chaque ouvrier se regardera comme un être isolé, dépendant de lui seul, et libre de donner dans tous les écarts d'une imagination souvent déréglée; toute subordination sera détruite; il n'y aura plus ni poids, ni mesure; la soif du gain animera tous les ateliers; et comme l'honnêteté n'est pas toujours la voie la plus sûre pour arriver à la fortune, le public entier, les nationaux comme les étrangers, seront toujours la dupe des moyens secrets préparés avec art pour les aveugler et les séduire. Et ne croyez pas, Sire, que notre ministère, toujours occupé du bien public, se livre en ce moment à de vaines terreurs; les motifs les plus puissans déterminent notre réclamation; et votre Majesté serait en droit de nous accuser un jour de prévarication, si nous cherchions à les dissimuler. Le principal motif est l'intérêt du commerce en général, non-seulement dans la capitale, mais encore dans tout le royaume; non-seulement dans la France, mais dans toute l'Europe : disons mieux, dans le monde entier.

Le but qu'on a proposé à votre Majesté, est d'étendre et de multiplier le commerce en le délivrant des gênes, des entraves, des prohibitions introduites, dit-on, par le régime réglementaire. Nous osons, Sire, avancer à votre Majesté la proposition diamétralement contraire: ce sont ces gênes, ces entraves, ces prohibitions qui font la gloire, la sûreté, l'immensité du commerce de la France. C'est peu d'avancer cette proposition, nous devons la démontrer. Si l'érection de chaque métier en corps de communauté, si la création des maîtrises, l'établissement des Jurandes, la gêne des règlemens, et l'inspection des magistrats, sont autant de vices secrets qui s'opposent à la propagation du commerce, qui en resserrent toutes les branches, et l'arrêtent dans ses spéculations; pourquoi le commerce de la France a-t-il toujours été si florissant; pourquoi les nations étrangères sont-elles si jalouses de sa rapidité; pourquoi, malgré cette jalousie, sont-elles si curieuses des ouvrages fabriqués dans le royaume? La raison de cette préférence est sensible. Nos marchandises l'ont toujours emporté sur les marchandises étrangères; tout ce qui se fabrique, surtout à Lyon et à Paris, est recherché de l'Europe entière, pour le goût, pour la beauté, pour la finesse, pour la solidité, la correction du dessin, le fini de l'exécution, la sûreté dans les matières, tout s'y trouve réuni, et nos arts portés au plus haut degré de perfection, enrichissent votre Capitale, dont le Monde entier est devenu tributaire.

D'après cette vérité de fait, n'est-il pas sensible que les communautés d'arts et métiers, loin d'être nuisibles au commerce, en sont plutôt l'âme et le soutien, puisqu'elles nous assurent la préférence sur les fabriques étrangères, qui cherchent à les copier, sans pouvoir les imiter?

La liberté indéfinie fera bientôt évanouir cette perfection, qui est seule la cause de la préférence que nous avons obtenue : cette foule d'artistes et d'artisans de toutes professions, dont le commerce va se trouver surchargé, loin d'augmenter nos richesses, diminuera peut-être tout à coup le tribut des deux mondes. Les nations étrangères, trompées par leurs commissionnaires, qui l'auront été eux-mêmes par les fabricans en recevant des marchandises achetées dans la capitale, n'y trouveront plus cette perfection, qui fait l'objet de leurs recherches; elles se dégoûteront de faire transporter à grand risque et grands frais des ouvrages semblables à ceux qu'elles trouveront dans le sein de leur patrie.

Le commerce deviendra languissant, il retombera dans l'inertie, dont Colbert, ce ministre si sage, si laborieux, si prévoyant, a eu tant de peine à le faire sortir : et la France perdra une source de richesses, que ses rivaux cherchent depuis long-temps à détourner. Ils n'y réussissent que trop souvent, et déjà plus d'une fois nos voisins se sont enrichis de nos pertes. Le mal ne peut qu'augmenter encore; les meilleurs ouvriers fixés à Paris par la certitude du travail, par la promptitude du débit, ne tarderont pas à s'éloigner de la capitale, et l'espoir d'une fortune rapide dans les pays étrangers, où ils n'auront point de concurrens, les engagera peut-être à y transporter nos arts et leur industrie.

Ces émigrations, déjà trop fréquentes, deviendront encore plus communes à cause de la multiplicité des artistes; et l'effet le plus sûr d'une liberté indéfinie, sera de confondre tous les talens et de les anéantir par la médiocrité du salaire, que l'affluence des marchandises doit insensiblement diminuer. Non-seulement le commerce en général fera une perte irréparable, mais tous les corps en particulier éprouveront une secousse qui les anéantira tout-à-fait. Les maîtres actuels ne pourront plus continuer leur négoce; et ceux qui viendront à embrasser la même profession, ne trouveront pas de quoi subsister; le bénéfice trop partagé, empêchera les uns et les autres de se soutenir; la diminution du gain occasionnera une multitude de faillites. Le fabricant n'osera plus se fier à celui qui vend en détail. La circulation une fois interceptée, une crainte aussi légitime qu'habituelle, arrêtera toutes les opérations du crédit; et ce défaut de sûreté énervera peu à peu, et finira par détruire toute l'activité du commerce, qui ne s'étend et ne se multiplie que par la confiance la plus aveugle.

Ce n'est point assez d'avoir fait envisager à votre Majesté la désertion des meilleurs ouvriers, comme un malheur peut-être inévitable : Elle doit encore considérer, que la loi nouvelle portera un coup funeste à l'agriculture dans tout son royaume. La facilité de se soutenir aujourd'hui dans les grandes villes avec le plus petit commerce, fera déserter les campagnes; et les travaux laborieux de la culture des terres, paraîtront une servitude intolérable, en comparaison de l'oisiveté que le luxe entretient dans les cités. Cette surabondance de consommateurs fera bientôt renchérir les denrées; et, par une conséquence encore plus effrayante, toute police sera détruite, sans qu'on puisse même espérer de la rétablir, que par les moyens les plus violens. Le nombre immense de journaliers et d'artisans que les grandes villes, et que la capitale surtout renfermera dans son sein, doit faire craindre pour la tranquillité publique. Dès que l'esprit de subordination sera perdu, l'amour de l'indépendance va germer dans tous les cœurs. Tout ouvrier voudra travailler pour son compte; les maîtres actuels verront leurs boutiques et leurs magasins abandonnés; le défaut d'ouvrage, et la disette qui en sera la suite, ameutera cette foule de compagnons échappés des ateliers où ils trouvaient leurs subsistances; et la multitude, que rien ne pourra contenir, causera les plus grands désordres.

Nous craignons, Sire, de charger le tableau, et nous nous arrêtons pour ne point alarmer le cœur sensible de votre Majesté : mais, en même temps, nous croirions manquer à notre devoir, si nous ne protestions pas ici d'avance contre les maux publics, dont la loi nouvelle sera infailliblement une source trop funeste.

Quelle force n'ajouterions-nous pas à ces considérations, s'il nous était permis de représenter à votre Majesté, qu'on lui fait adopter, sans le savoir, l'injustice la plus criante! Qui osera néanmoins s'exposer à vos yeux, si notre ministère craint de se compromettre, et se refuse aux intérêts de la vérité?

Cette injustice est bien éloignée du cœur de votre Majesté; mais il n'en résulte pas moins la lésion énorme dont tous les marchands de son royaume vont avoir à se plaindre. Donner à tous vos sujets indistinctement la faculté de tenir magasins et d'ouvrir boutique, c'est violer la propriété des maîtres qui composent les communautés. La maîtrise, en effet, est une propriété réelle qu'ils ont achetée, et dont ils jouissent sur la foi des règlemens : ils vont la perdre, cette propriété, du moment qu'ils partageront le même privilége avec tous ceux qui voudront entreprendre le même trafic sans en avoir acquis le droit, aux dépens d'une partie de leur patrimoine ou de leur fortune : et cependant le prix d'une grande portion de ces maîtrises, telles que celles qui ont été créées en différens temps, et en dernier lieu en 1767; ce prix, disons-nous, a été porté directement dans le trésor royal; et si l'autre portion a été versée dans la caisse des communautés, elle a été employée à rembourser les emprunts qu'elles ont été obligées de faire pour les besoins de l'état : cette ressource, dont on a peut-être fait un usage trop fréquent, mais toujours utile, dans des circonstances urgentes, sera fermée désormais à votre Majesté; et les revenus publics en souffriront eux-mêmes une diminution très-considérable. Car d'un côté les riches marchands, après avoir souffert un préjudice considérable dans leur trafic, par l'augmentation de ceux qui s'adonneront au même commerce, ne seront plus en état de payer la même capitation; et d'un autre côté, la plus grande partie de ceux qui viendront partager leur bénéfice ne seront point en état d'acquitter la capitation, dont il faudra décharger les anciens maîtres en raison de la diminution de leur commerce.

Nous ne parlons point à votre Majesté, ni de la difficulté du recouvrement de cette même capitation, ni de la surcharge des dettes de l'état, par l'obligation que votre Majesté contracte d'acquitter les dettes de toutes les communautés. Les inconvéniens en tout genre que nous avons eu l'honneur de présenter à vos yeux, détermineront sans doute votre Majesté à prendre une nouvelle résolution plus favorable au commerce, et aux différens corps qui l'exercent depuis si long-temps et avec tant de succès.

Ce n'est pas, Sire, que nous cherchions à nous cacher à nous-mêmes, qu'il y a des défauts dans la manière dont les communautés existent aujourd'hui; il n'est point d'institution, point de compagnie, point de corps, en un mot, dans lesquels il ne se soit glissé quelque abus. Si leur anéantissement était le seul remède, il n'est rien de ce que la prudence humaine a établi qu'on ne dût anéantir, et l'édifice même de la constitution politique serait peut-être à reconstruire dans toutes ses parties.

Mais, Sire, votre Majesté elle-même ne doit pas l'ignorer, il y a une distance immense entre détruire les abus, et détruire les corps où ces abus peuvent exister. Les communautés d'arts et métiers, qu'on a engagé votre Majesté à supprimer, en sont un exemple frappant. Elles ont été établies comme un remède à de très-grands abus; on leur reproche aujourd'hui d'être devenues la source de plusieurs abus d'un autre genre : elles en conviennent, et la sincérité de cet aveu doit porter votre Majesté à les réformer, et non à les détruire.

Il serait utile, il est même indispensable d'en diminuer le nombre. Il en est dont l'objet est si médiocre, que la liberté la plus entière y devient en quelque sorte de nécessité. Qu'est-il nécessaire, par exemple, que les bouquetières fassent un corps assujéti à des règlemens? Qu'est-il besoin de statuts pour vendre des fleurs et en former un bouquet? La liberté ne doit-elle pas être l'essence de cette profession? Où serait le mal quand on supprimerait les fruitières? Ne doit-il pas être libre à toute personne de vendre les denrées de toute espèce, qui ont toujours formé le premier aliment de l'humanité?

Il en est d'autres, qu'on pourrait réunir; comme les tailleurs et les fripiers; les menuisiers et les ébénistes; les selliers et les charrons; les traiteurs, les rôtisseurs, les boulangers et les pâtissiers; en un mot, tous les arts et métiers qui ont une analogie entr'eux, ou dont les ouvrages ne sont parfaits qu'après avoir passé par les mains de plusieurs ouvriers.

Il en est enfin où l'on devrait admettre les femmes à la maîtrise, telles que les brodeuses, les marchandes de modes, les coiffeuses; ce serait préparer un asile à la vertu, que le besoin conduit souvent au désordre et au libertinage. En diminuant ainsi le nombre des corps, votre Majesté assurerait un état solide à tous ses sujets, et ce serait un moyen sûr et certain de leur ôter à tous mille prétextes de se ruiner en frais, et de les multiplier avec un acharnement que l'intérêt seul peut entretenir; et si, après l'acquittement des dettes des communautés, votre Majesté supprimait tous les frais de réception, généralement quelconques, à l'exception du droit royal qui a toujours subsisté : cette liberté, objet des vœux de votre Majesté, s'établirait d'elle-même; et les talens ne seraient plus exposés à se plaindre des rigueurs de la fortune.

Ces motifs, sans doute, feront impression sur le cœur paternel de votre Majesté. Jusqu'à présent nous n'avons parlé qu'au père du peuple; il est un dernier motif que nous devons présenter au Monarque. Ce motif est si puissant, que notre zèle pour le bien public, (car votre Majesté voudra bien être persuadée qu'il est plus d'un magistrat dans son royaume qui s'occupe du bonheur commun), notre amour et notre respect pour votre personne sacrée, ne nous permettent pas de le passer sous silence; c'est la manière dont on a voulu faire envisager à votre Majesté les statuts et règlemens des différens corps d'arts et métiers de son royaume. Dans l'édit qui vient d'être lu dans cette auguste séance, on présente ces statuts, ces réglemens comme bizarres, tyranniques, contraires à l'humanité et aux bonnes mœurs; il ne leur manquait pour exciter l'indignation publique que d'être connus. Cependant, Sire, la plupart sont confirmés par des lettres-patentes des Rois vos augustes prédécesseurs; ils sont l'ouvrage de ceux qui s'y sont volontairement assujétis; ils sont le fruit de l'expérience : ce sont autant de digues élevées pour arrêter la fraude et prévenir la mauvaise foi. Les arts et métiers eux-mêmes n'existent que par les précautions salutaires que ces réglemens ont introduites: enfin, ce sont vos ancêtres, Sire, qui ont forcé ces différens corps à se réunir en communautés; ces érections ont été faites, non pas sur la demande des marchands, des artisans, des ouvriers, mais sur les supplications des habitans des villes que les arts ont enrichis : c'est Henri IV lui-même, ce Roi qui fera toujours les délices des Français; ce Roi qui n'était occupé que du bonheur de son peuple; ce Roi que votre Majesté a pris pour modèle. Oui, Sire, c'est cette idole de la France, qui, sur l'avis des Princes de son sang, des gens de son conseil d'état, des plus notables personnages et de ses principaux officiers, assemblés dans la ville de Rouen pour le bien de son royaume, a ordonné que chaque état serait divisé et classé sous l'inspection des jurés choisis par les membres de chaque communauté, et assujétis aux réglemens particuliers à chaque corps de métier différent : Henri IV s'est déterminé à cette loi générale, non pas comme ses prédécesseurs qui ne cherchaient qu'un secours momentané dans cette création, mais pour prévenir les effets de l'ignorance et de l'incapacité, pour arrêter les désordres, pour assurer la perception de ses droits et en faire usage à l'avenir suivant les circonstances : d'où il résulte que c'est le bien public qui a nécessité l'érection des maîtrises et des jurandes; que c'est la nation elle-même qui a sollicité ces lois salutaires; que Henri IV ne s'est rendu qu'au vœu général de son peuple, et nous ne pouvons répéter, sans une espèce de frémissement, qu'on a voulu faire envisager la sagesse de ce Monarque, si bon et si chéri, comme ayant autorisé des lois bizarres, tyranniques, contraires à l'humanité et aux bonnes mœurs, et cette assertion se trouvera dans une loi publique, émanée de votre Majesté.

Colbert pensait bien autrement. Ce Colbert qui a changé la face de toute la France, qui a ranimé tout le commerce, qui l'a créé pour ainsi dire, et lui a assuré la prépondérance sur toutes les autres nations. Colbert qui ne connaissait que la gloire et l'intérêt de son maître, qui n'avait d'autre vue que la grandeur et la puissance du peuple Français; ce génie créateur qui ranima également l'agriculture et les arts, ce ministre enfin fait pour servir en cette partie, de modèle à tous ceux qui le suivront, fit ordonner que toutes personnes faisant trafic ou commerce en la ville de Paris, seraient et demeureraient pour l'avenir érigées en corps de maîtrises et de jurandes.

Jamais Prince n'a été plus chéri que Henri IV, jamais la France n'a été plus florissante que sous Louis XIV, jamais le commerce n'a été plus étendu, plus profitable que sous l'administration de Colbert; c'est néanmoins l'ouvrage de Henri IV et de Louis XIV, de Sully et de Colbert qu'on vous propose d'anéantir.

Voilà, Sire, les réflexions que le zèle le plus pur dicte au ministère chargé de la conservation des lois de votre royaume. La confiance dont votre Majesté nous honore, nous a enhardis à lui représenter tous les inconvéniens qui peuvent résulter d'une subversion totale dans toutes les parties du commerce; et nous ne doutons pas que si votre Majesté daigne peser l'importance des motifs que nous venons d'avoir l'honneur de lui exposer, Elle ne se détermine à faire examiner de nouveau la loi qu'Elle se propose de faire enregistrer. Au lieu d'anéantir les communautés dans tout son royaume, elle se contentera de déraciner les abus qu'on peut justement leur reprocher. Et la même autorité qui allait les détruire, donnera une nouvelle existence à des corps analogues à la constitution de l'état, et qu'il est facile de rendre encore plus utiles au bien général de la nation. Animés de cet espoir si flatteur, nous ne pouvons en ce moment que nous en rapporter à ce que la sagesse et la bienfaisance de votre Majesté voudra ordonner ».

www.ingramcontent.com/pod-product-compliance
Ingram Content Group UK Ltd.
Pitfield, Milton Keynes, MK11 3LW, UK
UKHW020415220726
13923UKWH00004B/1972